René Hobracht

Die Millenniumsentwicklungsziele und ihr Bezug zu Wasser

GRIN Verlag

Bibliografische Information der Deutschen Nationalbibliothek:

Die Deutsche Bibliothek verzeichnet diese Publikation in der Deutschen National-
bibliografie; detaillierte bibliografische Daten sind im Internet über http://dnb.d-
nb.de/ abrufbar.

Impressum:

Copyright © 2010 GRIN Verlag GmbH
Druck und Bindung: Books on Demand GmbH, Norderstedt Germany
ISBN: 978-3-640-69601-7

Universität Potsdam
Institut für Geoökologie
WS 2009/2010
Seminar: Globaler Wasserhaushalt und globales Wassermanagement

Die Millenniums-Entwicklungsziele und ihr Bezug zu Wasser

Student: René Hobracht

Inhalt

1. Vorbemerkungen

Mit der Verabschiedung der Millenniumserklärung und den später aus ihr abgeleiteten acht Millenniums-Entwicklungszielen (MDGs) wurde Armutsbekämpfung zur übergreifenden Aufgabe der internationalen Entwicklungszusammenarbeit (EZ) erklärt und eine umfassende Agenda für die internationale Politik des 21. Jahrhunderts gebildet. Die Tatsache, dass Armuts- und Umweltprobleme korrelieren, macht eine Verknüpfung der globalen

Armutsbekämpfung und Umweltpolitik notwendig. Die natürlichen Ressourcen und insbesondere Wasser haben eine Schlüsselfunktion für die Erreichung aller MDGs, deren Zielsektoren mit der Ressource Wasser direkt oder indirekt verknüpft sind. So stellt Kemal Dervis, der Direktor des Entwicklungsprogramms der Vereinten Nationen (UNDP), fest, dass „[…] ensuring that the poor have access to sanitation and water is central to achieving all the MDGs."[1] Gut einem Drittel der Weltbevölkerung steht die Ressource Wasser nicht in einem ausreichenden Maß zur Verfügung. In den Entwicklungsländern des Südens und den Entwicklungsregionen Asiens haben mehr als 1,1 Mrd. Menschen keinen Zugang zu sauberem Trinkwasser und 2,4 Mrd. Menschen verfügen über keine akzeptablen sanitären Einrichtungen. Dieses Versorgungsdefizit wird durch das Bevölkerungswachstum , die Urbanisierung, die industrielle Entwicklung und den globalen Klimawandel verschärft und lässt den intersektoralen Druck zwischen den konkurrierenden Ansprüchen der Haushalte, der Landwirtschaft und der Industrie auf die Ressource Wasser weiter ansteigen.

2. Problemdarstellung

1,1 Mrd. Menschen verfügen auf der Erde über keinen Zugang zu Trinkwasser und 2,2 Mrd. Menschen fehlen grundlegende sanitäre Einrichtungen. Die UN-Millenniums-Erklärung geht davon aus, dass Armut als multidimensionales Phänomen häufig mit Wasserarmut verknüpft ist und umgekehrt. Daraus ergibt sich die Folgerung, dass durch eine Verbesserung des Zugangs zu Trinkwasser und sanitären Einrichtungen die Armut bekämpft werden kann. Im Folgenden wird dargestellt, auf welche Bereiche das Fehlen dieser Infrastruktur Auswirkungen hat. Die Abbildungen 1-3 zeigen die globale Verteilung von extremer Armut, den Zugang zu Trinkwasser und grundlegenden sanitären Einrichtungen. Anschließend werden die MDGs kurz genannt und ihr Bezug zum Wasser hergestellt.

---

[1] (http://content.undp.org/go/newsroom/2007/april/kemal-dervis-special-meeting-on-water.en?categoryID=349469

Abb.1: Globale Verteilung extremer Armut

Quelle: http://devdata.worldbank.org/atlas-mdg/

Abb.2: Zugang zu Trinkwasser

Quelle: http://devdata.worldbank.org/atlas-mdg/

Abb.3 : Zugang zu sanitärer Entsorgung

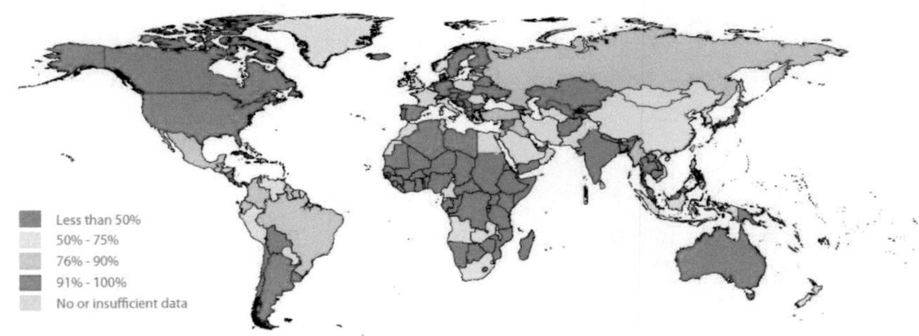

Quelle: http://www.unwater.org/downloads/JMP_08.pdf

3. Die MDGs und ihr Bezug zu Wasser

Die 8 MDGs wurden aus dem Entwicklungs- und Umweltkapitel der Millenniums-Erklärung abgeleitet und sind immer im Zusammenhang mit dieser zu betrachten. Armutsbekämpfung wird zur übergreifenden Aufgabe der internationalen Entwicklungszusammenarbeit erklärt. Die Ziele sollen bis 2015, in einigen Fällen bis 2020, realisiert werden. Als Vergleichsgrundlage wird das Jahr 1990 genommen. Die 8 MDGs werden durch 18 Unterziele ergänzt, die die eigentlichen konkreten Ziele bilden.

Abb.4: Übersicht über die MDGs

Ziel 1	Bekämpfung extremer Armut und Hunger
Ziel 2	Vollständige Primarschulbildung für alle Mädchen und Jungen
Ziel 3	Förderung der Gleichstellung der Geschlechter und Stärkung der Rolle der Frau
Ziel 4	Verminderung der Kindersterblichkeit
Ziel 5	Verbesserung der Gesundheitsversorgung von Müttern
Ziel 6	Bekämpfung von HIV/AIDS, Malaria und anderen schweren Krankheiten
Ziel 7	Ökologische Nachhaltigkeit
Ziel 8	Aufbau einer globalen Entwicklungspartnerschaft

Quelle: UN, eigene Darstellung

Wenn man bedenkt, für welche Zwecke und Bereiche Wasser Rolle spielt, so lässt sich leicht der Wasserbezug zu allen 8 Zielen herstellen. Wasser wird als Trinkwasser, zur Energiegewinnung, Bewässerung, Abwasserentsorgung, Ernährung, Hygiene benötigt ebenso wie zum Erhalt der Gesundheit.

Ziel 1 beschäftigt sich mit der Bekämpfung extremer Armut und Hunger. Ein verbesserter Wasserzugang für Kleinbauern kann die landwirtschaftliche Produktivität erhöhen. Dies bedeutet, dass grüne und blaue Wasserressourcen durch effektivere Maßnahmen nutzbar gemacht werden müssen, 70-90% der Gesamtwasserentnahme in subtropischen Regionen werden für die Bewässerungslandwirtschaft benötigt. Weiterhin wird Wasser für Produktionsprozesse benötigt und leichter erreichbare, verlässlichere, und sichere Versorgung der Haushalte mit Wasser ist grundlegend für die Bekämpfung von extremer Armut und von Hunger.

Eine vollständige Primarschulbildung für alle Mädchen und Jungen (Ziel 2) kann in Bezug auf Wasser nur erreicht werden, wenn getrennte Wasseranschlüsse und Toiletten innerhalb der Schule für Lehrer, Jungen und Mädchen vorhanden sind, um die Schulabbrecherquote und die Schulverdrossenheit zu vermindern. Grundlegend sind natürlich überhaupt erst einmal Wasseranschlüsse. In vielen Entwicklungsländern verbringen vor allem Mädchen mehrere Stunden damit, Wasser zu holen. Diese Zeit können sie nicht in der Schule verbringen. Sind außerdem in der Schule keine Wasseranschlüsse vorhanden, begeben sich die Kinder auf den oft weiten Weg zur nächsten Quelle und kehren nicht selten nicht wieder zurück in die Schule, so berichtet UNICEF.[2] Die Verkürzung des Zeitaufwandes zum Wasserholen kann, mit Einschränkungen, die Gleichstellung der Geschlechter und die Stärkung der Rolle der Frau fördern (Ziel 3). Frauen können ihre so gewonnene Zeit für Einkommenstätigkeiten (oder Schulbesuch für Mädchen) und anderen Aufgaben in der Familie nutzen.

Kindersterblichkeit ist in hohem Maße auf verschmutztes Trinkwasser bzw. die damit einhergehenden Krankheiten zurückzuführen. Ziel 4 der MDGs stellt die Bekämpfung der Kindersterblichkeit in den Vordergrund. Ebenso sind Hygiene im Haushalt, reichhaltige Nahrung für Kinder und Kleinkinder, sauberes Trinkwasser und richtige Entsorgung der Fäkalien entscheidend für Auftreten und Verlauf von Kinderkrankheiten.

Damit einher geht die in Ziel 5 genannte Verbesserung der Gesundheitsversorgung von Müttern. Besonders Infektionen durch unsauberes Wasser im Wochenbett sollen reduziert werden, um eine Senkung der Mütter- und Kleinkindersterblichkeit, besonders bei Hausgeburten, zu erreichen. Eine verbesserte Gesundheit der Mütter soll ebenso durch bessere Kost und Hygiene forciert werden.

In Ziel 6 werden Bekämpfung von HIV/AIDS, Malaria und anderen schweren Krankheiten genannte. Krankheiten, die durch Wasser übertragen werden, sind durch Unterbrechung der Infektionswege, durch den Zugang zu sauberen Wasser, Hygienekenntnisse und Abwasserentsorgung zu bekämpfen. Dabei muss unterschieden werden zwischen durch Wasser übertragene Krankheiten (z.B. Cholera), vektorbedingten Krankheiten (z.B. Malaria) und hygienebedingten Krankheiten (z.B. Diarrhö). Die Hygienisierung des Wassers, dessen sichere Lagerung und Aufklärung in Hygienefragen sind grundlegend für das Erreichen dieses Ziels.

In Ziel 7, das mit Ökologische Nachhaltigkeit bezeichnet wird, wird die Umkehrung der Tendenz zum Verlust ökologischer Ressourcen angesprochen. Dies meint den Stopp der Abholzung der Regenwälder, den sensiblen Umgang mit Wasser und die Aufrechterhaltung

---

[2] Projektbericht „Wasser" 2009: Händewaschen rettet Leben.

der Wasserqualität. Außerdem wird explizit von einer Halbierung der Zahl der Menschen ohne Zugang zu sauberem Trinkwasser und elementarer Abwasserentsorgung gesprochen. Weiterhin wird die Bedeutung der Gewässerökosysteme (Seen, Auen, Lagunen) aufgezeigt, welche von existenzieller Bedeutung nicht nur für die Bereitstellung von Trinkwasser sind.

Abschließend wird in Ziel 8 der Aufbau einer globalen Entwicklungspartnerschaft gefordert. Für den Bereich Wasser bedeutet dies, dass Praktiker, Wissenschaftler und Entscheidungsträger beim Umgang mit Wasserressourcen umfassend zusammenwirken sollen. Die GTZ z.B. nimmt diese Forderungen in ihre Programme auf und realisiert überall auf der Welt Projekte zum Wassermanagement und UNICEF betreibt Aufklärungsarbeit und baut Brunnen, um die Trinkwasserversorgung zu verbessern.

Im Folgenden wird aufgezeigt werden, welche Fortschritte im Erreichen der einzelnen Ziele bis heute gemacht wurden und wie die Chancen stehen, dass die Ziele bis 2015 realisiert werden können.

4. Zwischenstandsbericht

Die UN hat sich und allen Beteiligten mit den MGDs ehrgeizige Ziele gesteckt. Nach nun fast 10 Jahren lässt sich eine Tendenz zum Erreichen dieser Ziele erkennen, die Inhalt dieses Abschnittes sein wird. Schaut man sich die Berichte der UN von 2007 und 2009 an, so lassen sich insgesamt Fortschritte erkennen, auch wenn diese regional und auf einzelne Ziele konkretisiert stark variieren können. In den MDG-Bericht von 2009 werden schleppendes und negatives Wirtschaftswachstum, verringerte Ressourcen, weniger Handelschancen für die Entwicklungsländer, der Rückgang der Hilfsströme aus den Geberländern und der Klimawandel als Faktoren genannt, die das Erreichen der Ziele erschweren. Auf den Einfluss des Klimawandels soll an dieser Stelle kurz eingegangen werden. Viele der vorhergesagten Auswirkungen des Klimawandels erschweren die Befriedigung elementarer Grundbedürfnisse und verstärken die Armut. So wird zwar global betrachtet bis 2050 ein höheres Angebot an Trinkwasser prognostiziert, dieser Zuwachs entfällt jedoch weit gehend auf bereits wasserreiche Regionen und einige tropische Feuchtgebiete, während die Niederschlagsmenge in Trockengebieten, deutlich abnehmen könnte. Zudem ist eine weitere Verstärkung der Extreme im Wasserkreislauf zu erwarten, so dass die Gefahr von Dürren und sintflutartigen Niederschlägen mit Überflutungen steigt. Wassermangel und Erhöhung der Durchschnittstemperaturen haben wiederum erhebliche Folgen für die Ernährungssicherheit.

Laut MDG-Bericht von 2009 konnte die Zahl der in extremer Armut lebenden Bevölkerung in den Entwicklungsländern zwischen 1990 und 2005 von fast 50% auf 25% reduziert werden.[3] In Abbildung 5 sind die Entwicklungen im Bereich des Zugangs zu Wasser und sanitären Einrichtungen abgebildet. Dabei lässt sich der Zusammenhang zwischen Armut und Zugang zu Trinkwasser und sanitären Einrichtungen erkennen. Die Situation hat sich fast überall verbessert, wobei das Erreichen des Ziels an sich erst einmal außer Acht gelassen wird.

Abb.5: Fortschritt im Zugang zu Trinkwasser und sanitären Einrichtungen

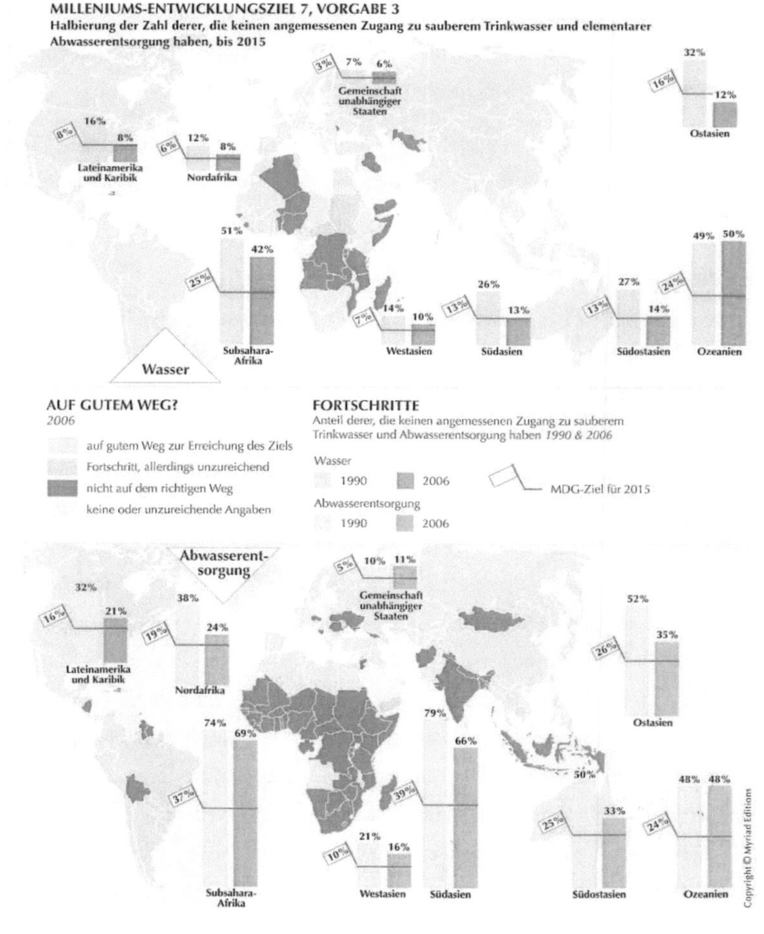

Quelle: BLACK, Maggie; KING, Jannet (2009): Der Wasseratlas: Ein Weltatlas zur wichtigsten Ressource des Lebens. Hamburg. S.87

---

[3] UN: Millenniums-Entwicklungsziele. Bericht 2009 S. 4.

Der Zugang zu Trinkwasser ist auf über 80% weltweit gestiegen. Dabei ist in der Darstellung in Abbildung 5 zu erkennen, dass Südasien den größten Fortschritt (zwischen 1990 und 2006 von 74% auf 87%) gemacht und damit bereits das MDG 7 erreicht hat. Im Afrika südlich der Sahara ist der Zugang zu Trinkwasser zwar von 49% auf 58% gestiegen, das MDG von 75% liegt allerdings noch in weiter Ferne. Trotz der Fortschritte hatten 2006 immer noch ca. 1 Mrd. Menschen weltweit keinen Zugang zu sauberem Trinkwasser wovon 2/3 davon in den Entwicklungsländern lebten. Die Verbesserungen in der Abwasserentsorgung verlaufen dagegen kaum nach Plan. In den Entwicklungsländern ist der Zugang zu Basissanitärversorgung zwischen 1990 und 2006 von 41% auf nur 43% gestiegen. Gute Fortschritte haben Südasien und Südostasien sowie Nordafrika gemacht. Kaum Verbesserungen sind in Subsahara-Afrika und Ozeanien zu verzeichnen.

Werfen wir einen Blick auf die Bereiche, die mit der Wasserversorgung laut den MDGs verknüpft sind. Die extreme Armut ist zwar, wie bereits erwähnt, in den letzen Jahren zurückgegangen, jedoch zeigen Hochrechnungen der UN, dass aufgrund der Wirtschaftskrise der Rückgang der Armut verlangsamt, bisweilen aufgehalten wird. In Afrika südlich der Sahara und in Südasien werden die Zahl der Armen und die Armutsquote steigen. Der ausgewiesene Rückgang der in Armut lebenden Bevölkerung in den Entwicklungsländern bis 2005 geht vor allem auf das Wirtschaftswachstum in China und Ostasien zurück, das sich auf den globalen Trend auswirkt.

Bei der vollständigen Primarschulbildung von Jungen und Mädchen, wie sie im MDG 2 gefordert ist, lassen sich global Fortschritte erkennen, jedoch besuchen noch immer mehr als 10% der Kinder im Grundschulalter keine Schule. In den Entwicklungsländern als Gruppe stieg die Einschulung im Grundschulbereich zwischen 2000 und 2007 von 83 auf 88 Prozent. Wesentliche Durchbruche verzeichneten Afrika südlich der Sahara, wo die Einschulungsquote zwischen 2000 und 2007 um 15 Prozentpunkte stieg, und Südasien, wo sie im gleichen Zeitraum um 11 Prozentpunkte zunahm. Jedoch sagen diese Zahlen nichts darüber aus, wie hoch die Abbrecherquote ist und wie das Verhältnis von Stadt- und Landbevölkerung aussieht. Um eine allgemeine Grundschulbildung bis 2015 zu erreichen, müsste die Gesamtzahl der Kinder, die keine Schule besuchen, schneller und kontinuierlicher fallen. 2007 waren weltweit 72 Millionen Kinder vom Recht auf Bildung ausgeschlossen. Beinahe die Hälfte lebt im Afrika der Subsahara, gefolgt von Südasien mit 18 Millionen Kindern, die nicht zur Schule gehen. Diese Zahl wird bis 2015 zurückgehen, eine vollständige

Primarschulbildung wird nicht erreicht werden können. Im Zusammenhang mit der Primarschulbildung lässt sich die Gleichstellung der Frau (MDG 3) betrachten. In den Entwicklungsregionen sind Mädchen bei Zugang zu Bildung gegenüber Jungen benachteiligt. Dort kamen 2007 auf 100 Jungen 95 Mädchen, die die Schule besuchten, 1999 waren es 91. Die Verknüpfung zum Wasserzugang kann man herstellen, wenn man beachtet, dass in vielen Entwicklungsländern traditionell Frauen für das Wasserholen verantwortlich sind. Ebenso liegt die Erwerbstätigkeit von Frauen unter der der Männer. Ein Fortschritt in der Gleichberechtigung ist zwar zu erkennen, wenn das Ziel der Gleichberechtigung bis 2015 erreicht werden soll, muss mit mehr Dynamik und Entschlossenheit vorgegangen werden.

Bezüglich der Senkung der Kindersterblichkeit (MDG 4) sind starke Differenzen in den Entwicklungsregionen zu verzeichnen. Die Sterbefälle bei Kindern unter fünf Jahren gehen weltweit weiter stetig zurück. 2007 lag die Sterblichkeitsrate von Kindern unter fünf Jahren weltweit bei 67 Sterbefallen je 1.000 Lebendgeburten; 1990 waren es noch 93. Im letztgenannten Jahr starben noch mehr als 12,6 Millionen Kleinkinder an zumeist vermeidbaren oder behandelbaren Ursachen. Diese Zahl ist heute trotz Bevölkerungswachstums auf etwa 9 Millionen zurückgegangen. Dabei ist festzustellen, dass im Afrika südlich der Sahara (145 Sterbefälle je 1000 Lebendgeburten) und in Südasien (77 Sterbefälle je 100 Lebendgeburten) die höchsten Raten erzielt werden. Dabei wurde die Rate zwischen 1990 und 2007 bereits deutlich reduziert. Die Zielvorgabe für 2015 wird schwer bis gar nicht zu erreichen sein. Gute Fortschritte hingegen machen Nordafrika, Lateinamerika und die Karibik, in denen das Erreichen des Ziels möglich scheint. Insgesamt scheint ein Rückgang der Sterbefälle um zwei Drittel nicht möglich zu sein. Der bisher erzielte Rückgang der Sterbefälle ist oft jedoch nicht auf einen verbesserten Zugang zu Trinkwasser und sanitären Einrichtungen zurückzuführen, sondern auf Interventionsmaßnahmen wie das Aufstellen von Moskitonetzen.

Bei der Verbesserung der Gesundheit von Müttern (MDG 5) gab es kaum Verbesserungen seit 1990. Das Ziel, die Muttersterblichkeitsrate um drei Viertel zu senken, scheint utopisch. In den Entwicklungsregionen waren 2005 450 Sterbefälle von Müttern bei 100.000 Lebendgeburten der Durchschnitt. Das Ziel für 2015 liegt bei 120 Sterbefällen von Müttern bei 100.000 Lebendgeburten. Dabei sind alle Entwicklungsregionen, abgesehen von Ostasien, weit von dem Ziel entfernt. Zwar sind Rückgänge zu verzeichnen, diese sind gerade in Afrika der Subsahara, Südasien, Südostasien und Ozeanien marginal.

Das MDG 6 setzt sich zum Ziel, bis 2015 die Ausbreitung von HIV/AIDS, Malaria und anderen schweren Krankheiten zum Stillstand zu bringen und allmählich umzukehren. Die Zahl der HIV-Neuinfektionen erreichte 1996 weltweit ihren Höhepunkt, geht seither zurück und betrug 2007 2,7 Millionen. Diese positive Entwicklung ist hauptsachlich auf die sinkende jährliche Zahl der Neuinfektionen in einigen Ländern Asiens, Lateinamerikas und Afrikas südlich der Sahara zurückzuführen. Gleichzeitig steigen die Infektionsraten in anderen Teilen der Welt, insbesondere Osteuropa und Zentralasien, weiter an. Auch die geschätzte Zahl der Aids-Sterbefälle scheint 2005 mit 2,2 Millionen ihren Höhepunkt erreicht zu haben und ging 2007 auf 2 Millionen zurück. Dies liegt unter anderem an dem besseren Zugang zu antiretroviralen Medikamenten in ärmeren Ländern. Trotz der insgesamt sinkenden Zahl der Neuinfektionen wächst die Zahl der Menschen mit HIV weltweit weiter, vor allem, weil Infizierte länger überleben. 2007 lebten schätzungsweise 33 Millionen Menschen mit dem HIV. Dabei ist zu beachten, dass davon zwei Drittel in Afrika der Subsahara leben, die Mehrzahl sind Frauen. Im Kampf gegen Malaria wurden in den letzten Jahren große Fortschritte erzielt, dennoch sterben jährlich eine Million Menschen, zumeist Kleinkinder im Afrika der Subsahara, an dieser Krankheit.

Die Fortschritte im Zugang zu Trinkwasser und zu sanitärer Abwasserentsorgung wurden zu Beginn dieses Abschnitts bereits vorgestellt. Im MDG 7 wird auch der Schutz ökologischer Ressourcen und der Ökosysteme gefordert. Trotz des wirtschaftlichen Drucks ist es vielen Entwicklungsländern gelungen, so die UN, umfangreiche Land- und Wasserflächen unter Schutz zu stellen. Die Demokratische Republik Kongo schuf z.B. eines der größten tropischen Regenwald-Schutzgebiete der Welt. Trotz der Bemühungen um den Schutz ökologischer Ressourcen und Ökosysteme stieg die Zahl der weltweit vom Aussterben bedrohten Arten weiter an. Dabei sind Säugetiere aufgrund von Entwaldung und Bejagung in Südostasien besonders gefährdet. Allein in Südasien konnte der Verlust von Waldflächen zwischen 2000 und 2005 aufgehalten werden (+0,2%), die größten Verlustraten sind im Afrika südlich der Sahara (-4,1%), in Lateinamerika und der Karibik (-4,7%) zu verzeichnen. Dabei tragen besonders ausgedehnte Waldflächen zum Klimaschutz bei, indem sie Kohlenstoff absorbieren und speichern. Werden Bäume jedoch gefällt oder verbrannt, wird Kohlendioxid freigesetzt. Zu Beginn dieser Arbeit wurde betont, dass in der Landwirtschaft oft über 70% der Gesamtmenge an Wasser benötigt werden. Wenn mehr als 75% des Wasservolumens von Fließgewässern für landwirtschaftliche, industrielle und kommunale Zwecke abgeleitet werden, ist nicht mehr genug Wasser vorhanden, um den menschlichen Bedarf an Trinkwasser zu decken als auch die ökologisch notwendige Fließmenge zu gewährleisten.

Hier muss dafür gesorgt werden, dass Wasser effizienter genutzt wird, vor allem durch verbesserte Ackerbautechniken und Pflanzensorten, welche höhere Erträge abwerfen.

Eine globale partnerschaftliche Zusammenarbeit zum Nutzen aller ist im MDG 8 gefordert. Dies beinhaltet vor allem eine öffentliche Entwicklungshilfe aus den entwickelten Ländern. Die Nettoauszahlungen an öffentlicher Entwicklungshilfe stiegen 2008 um 10,2 Prozent auf 119,8 Milliarden US-Dollar, den höchsten je verzeichneten Betrag. Auch die Ausgaben im Rahmen bilateraler Hilfsprogramme und -projekte haben in den letzten Jahren zugenommen und sind zwischen 2007 und 2008 real um 12,5 Prozent angestiegen – ein Zeichen dafür, dass die Geber ihre grundlegenden Hilfsprogramme erweitern. Die liegen allerdings insgesamt noch deutlich unter dem von den Vereinten Nationen angesetzten Zielwert. Zu einer globalen Entwicklungspartnerschaft lassen sich auch faire Exportchancen für Erzeugnisse aus den Entwicklungsländern zählen. Um dies zu gewährleisten, muss der Anteil der zollfrei in die entwickelten Länder eingeführten Waren aus den Entwicklungsländern gesteigert werden. Konkurrenzprodukte aus Nicht-Entwicklungsländern können oft zollfrei eingeführt werden. Diese Diskrepanz gilt es zu überwinden, denn in diesem Sektor sind bisher kaum Fortschritte gemacht wurden.

Es wurde in diesem Abschnitt gezeigt, wie die MDGs und der Wassersektor miteinander verknüpft sind. Dabei wird deutlich, dass die Verknüpfungen bei machen Zielen augenscheinlicher sind, bei anderen sind sie erst auf den zweiten Blick zu erkennen. Direkt oder indirekt sind jedoch alle Ziele mit dem Wassersektor verbunden, wobei der Stellenwert des Wassers von MDG zu MDG stark variieren kann. Der Zugang zu Wasser und zu sanitärer Entsorgung sind zwar grundlegend für die Bekämpfung von Armut, jedoch ist Armut eben multidimensional geprägt und lässt sich kaum auf ein einfaches Ursache-Wirkung-Schema-reduzieren. Viel zu stark wiegen andere politische und kulturelle Gegebenheiten. Die in dieser Arbeit verwendeten Daten stammen, wenn nicht anders gekennzeichnet, aus dem Millenniums-Entwicklungsziele Bericht 2009 der Vereinten Nationen. Dort sind auch tiefer gehende Statistiken zu beziehen.

Die Millenniums-Erklärung und die MDG weisen die Richtung für mögliche Handlungsfelder, die von anderen internationalen und nationalen Programmen und Institutionen aufzunehmen sind, um wirkliche Maßnahmen zum Erreichen dieser Ziele zu initiieren. Die Bundesregierung Deutschlands rief hierfür das Aktionsprogramm 2015 ins Leben, welches die Umsetzung der internationalen Gemeinschaftsziele anstrebt. Dabei handelt sich jedoch auch um Zielvorgaben, die auf nationaler Ebene von Hilfsorganisationen umgesetzt werden müssen.

5. Fazit und Ausblick

Fortschritte sind in einigen Bereichen eindeutig zu verzeichnen, auch sie noch nicht ausreichen, um die Ziele bis 2015 zu erreichen. Die MDGs sind ambitionierte Ziele, deren Erreichen grundlegend für die Armutsbekämpfung sind. Auch wenn nicht alle erreicht werden können, so ist der Schritt in die richtige Richtung getan. Nach den in dieser Arbeit aufgezeigten Fortschritten, scheint die Halbierung des mit Trinkwasser unversorgten Anteils der Weltbevölkerung bis 2015 realisierbar zu sein. Die verbleibenden (und neuen) unversorgten Menschen sind mit dem konventionellen Ansatz auch bis 2025 nicht erreichbar. Die Halbierung des „sanitär unversorgten" Anteils der Weltbevölkerung von 2,4 Mrd. Menschen mit konventionellem Ansatz ist bis 2015 unerreichbar. Dazu müssen weitergehende Maßnahmen ergriffen werden, auf die an dieser Stelle nicht weiter eingegangen werden kann.

6. Literaturverzeichnis

BLACK, Maggie; KING, Jannet (2009): Der Wasseratlas: Ein Weltatlas zur wichtigsten Ressource des Lebens. Hamburg.

FALKENBERG, Malin; ROCKSTRÖM, Johan (2004): Balancing Water for Humans and Nature. London.

<u>Onlinematerialien</u>
http://www.unric.org/html/german/millennium/millenniumerklaerung.pdf

(Zugriff am 01.02.2010)

http://www.un.org/depts/german/millennium/MDG%20Report%202009%20Deutsch.pdf
(Zugriff am 01.02.2010)

http://www.bmz.de/de/service/infothek/fach/materialien/Materialie154.pdf
(Zugriff am 01.02.2010)

http://www.die-gdi.de/CMS-Homepage/openwebcms3.nsf/%28ynDK_contentByKey%29/ADMR-7BSCHZ/$FILE/4-2005.pdf   (Zugriff am 01.02.2010)

http://www.unesco.org/water/wwap/wwdr/wwdr3/pdf/WWDR3_Water_in_a_Changing_World.pdf (Zugriff am 01.02.2010)

http://www.unwater.org/downloads/JMP_08.pdf
(Zugriff am 04.02.2010)

Internetseiten
http://www.bmz.de/de/zahlen/millenniumsentwicklungsziele/index.html
(Zugriff am 01.02.2010)

http://www.unesco.org/water/wwap/facts_figures/mdgs.shtml
(Zugriff am 01.02.2010)